猫咪带你
去观星

图书在版编目（CIP）数据

猫咪带你去观星 / (英)斯图尔特·阿特金森著；
(英)布兰登·卡尼绘；张涵译. -- 北京：中国友谊出
版公司, 2020.12（2024.4重印）
书名原文: A cat's Guide To The Night sky
ISBN 978-7-5057-5030-2

Ⅰ.①猫… Ⅱ.①斯… ②布… ③张… Ⅲ.①天文学
—儿童读物 Ⅳ.①P1-49

中国版本图书馆CIP数据核字(2020)第221990号

著作权合同登记号：图字01-2020-6709

书　名	猫咪带你去观星	出版发行	中国友谊出版公司
作　者	[英]斯图尔特·阿特金森		北京市朝阳区西坝河南里17号楼
绘　者	[英]布兰登·卡尼		邮编 100028 电话（010）64678009
译　者	张　涵	经　销	新华书店
出版统筹	吴兴元	印　刷	天津裕同印刷有限公司
责任编辑	周亚灵	规　格	889×1194毫米　16开
助理编辑	高　榕		4.5印张　70千字
特约编辑	余以恒	版　次	2020年12月第1版
营销推广	ONEBOOK	印　次	2024年4月第5次印刷
装帧制造	墨白空间·唐志永	书　号	ISBN 978-7-5057-5030-2
		定　价	68.00元

官方微博　@浪花朵朵童书
读者服务　reader@hinabook.com 188-1142-1266
投稿服务　onebook@hinabook.com 133-6631-2326
直销服务　buy@hinabook.com 133-6657-3072

猫咪带你去观星

[英]斯图尔特·阿特金森 著

[英]布兰登·卡尼 绘

张涵 译

中国友谊出版公司

目 录

成为一名
观星者

你好啊！我叫费利西蒂，是一只喜欢看星星的猫咪。你一定很想知道夜空中都有哪些星星值得一看，那么就让我带你一起去体验观星的魅力吧！

做好准备

我敢肯定，你已经迫不及待地想要出门观星了。但是要想享受观星的乐趣，你需要先了解一些注意事项。

需要准备的物品

在任何一个季节，都可以观星。但是更适合观星的季节其实是冬季，因为冬季日落早，日出晚，黑夜时间更长，最亮的那些星星也大多出现在冬季的夜空中。但是在冬季，夜晚的天气可能会非常寒冷（就算是在夏季，夜晚的温度可能也很低），你要在外面待上很久，又不怎么活动，所以必须要做好保暖工作。

下面列出了一些需要携带的重要装备供你参考，请根据实际情况选择观星的时间，并根据当时的天气适当增减衣物。

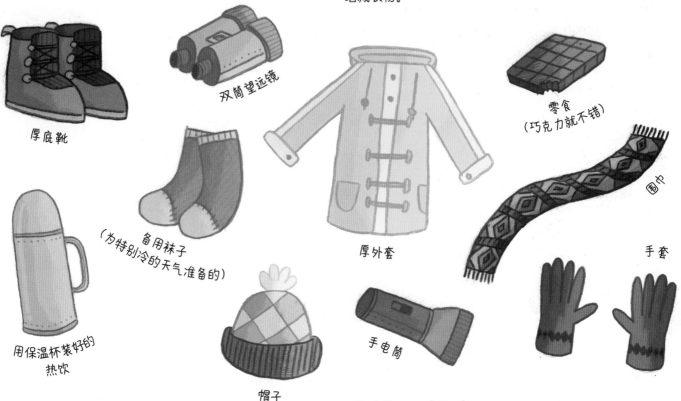

厚底靴

双筒望远镜

零食
（巧克力就不错）

备用袜子
（为特别冷的天气准备的）

厚外套

围巾

手套

用保温杯装好的
热饮

帽子

手电筒

去哪里观星？

如果到了晚上，你家附近依旧灯火辉煌，你可能很难看到星星。所以你需要在家附近找一个昏暗一些的地方，比如：

★有很多树木的公园，可以遮挡路灯的光线。
★城市外围的运动场。
★爬上山顶，避开山下的灯光。

选好了合适的地点，你就能看到更暗的夜空了。这时候星星也会更多、更亮、更加闪耀。

和谁一起去？

你要去一个远离灯光和人群的地方，所以必须要注意安全。因此……

★一定要跟家长一起去。
★带好手机。
★告诉一个你熟悉的人你要去哪里，要待多久，什么时候回来。

现在你已经做好了准备，那就开始一场令人兴奋的发现之旅吧！

夜空中的光

城市的夜空

郊外的夜空

光污染

如果你住在郊外，可能一出门就可以看到星星。但是如果你和大多数人一样居住在城市里，很可能从来都没能好好观察过星星。

之所以会变成这样，是因为住宅、工厂、公司、商店和街道的灯光。这种光线会让夜空变成模糊的橙色，遮住星星。那些研究夜空的天文学家把这种现象叫作"光污染"。

正因为这样，你就需要找一个非常黑的地方，不能让光线影响你的视野。到达合适的地点以后，你得先等一会儿，让眼睛先适应周围的黑暗。半个小时以后，你就可以看到很多星星了，多到超乎你的想象哟！

你都会看到些什么?

在你的眼睛适应了黑暗的环境后，都会看到些什么呢? 要知道，那些恒星、行星，甚至看起来离你很近的月球，其实都离你非常远。就连离你最近的人造卫星，与你的平均距离也有 400 千米。那么这些遥远的月球以及行星、恒星和卫星，在你眼中都是什么样子呢?

月球是夜空中肉眼可以看到的个头最大的天体。它的形状会发生变化，可能今天晚上还是圆圆的满月，过两周就变成月牙了。

月球

行星

太阳系中的其他行星都在几千万甚至数亿千米以外，所以它们在夜空中看起来就是一个个明亮的光点。不过有一个分辨行星的好办法，过一会儿我再告诉你。

夜空中有无数的光点，它们几乎都是恒星。要想看到大多数恒星，你需要一台强大的望远镜，不过即使是肉眼观察，你也可以看到其中的几千颗。

恒星

卫星

每天都有许多小光点在夜空中飞速掠过，它们就是人造卫星，是成千上万个围绕地球运转的小型航天器。

为什么要观察夜空？

人类为什么要观察夜空呢？

天文学家用巨大的望远镜去探索太阳系、银河系，乃至整个宇宙。而像我这样的猫咪，或是像你这样的人类去观察夜空，是为了了解在地球以外我们还可以看到些什么。有时候我观察夜空，是因为我觉得：观察我们身处的宇宙是一件非常神奇的事。

人类一直在观察夜空

每年的同一时间，月球都会出现在同一位置上，某些恒星或某个星座也必定会出现。所以自古以来，农民伯伯会通过观察夜空来确定什么时候播种和收获。

古时候，人们相信，天空中的异象，比如月亮变成了奇怪的颜色，或是突然出现了彗星或流星，都是某种或好或坏的预兆。古代天文学家的工作就包括解读这样的预兆到底是好还是坏（如果搞错，麻烦可就大了）。

某些恒星不但会出现在特定的时间，还会出现在夜空中固定的位置，所以水手们经常会利用恒星进行导航，尤其是船只行驶在看不到陆地的海面上的时候。

洛德①

希兰②

马拉拉③

它们的名字

许多恒星的名字都可以追溯到几千年前，大多数来源于希腊神话。对古希腊人来说，天空是众神、英雄和神奇生物居住的地方。如果他们认为某个星座的形状与这些神话有关，就会因此为它们命名。

这些恒星和星座的名字在我们看来可能很奇怪，对古希腊人来说却是耳熟能详，就像我们现在对一线明星或名人的名字那样熟悉。

古希腊人把天空划分成了不同的区域，每片区域就是一个星座，他们想象众神、英雄和各种神奇生物都住在天空中。如果某个星座的形状能让他们想起某样东西，他们就会用这样东西的名字来命名星座。

古代中国也有类似的划分体系，人们把天空分为三垣二十八宿，共三十一个较大的天区，再把其中的恒星每几颗划分为一组，每组定一个名字，称为一个星官。这种体系至今仍然被广泛使用。

编者注：
①洛德：新西兰著名歌手洛德（Lorde）与此同名。
②希兰：英国著名歌手艾德·希兰（Ed Sheeran）与此同名。
③马拉拉：诺贝尔和平奖获得者，并获得小行星命名。

恒星是什么?

恒星都是炽热的气体团。你知道吗?最适合观察恒星的时间是在白天。

因为我们的太阳就是一颗恒星!太阳是距离地球最近的恒星,所以它看起来才会比其他天体更大、更亮。太阳非常巨大,如果把地球比作一颗豆子,那么太阳就有一个充气沙滩球那么大。太阳非常炽热,中心处大约有15,000,000摄氏度,正因为这样,它才会显得那么明亮,即使在大约1.5亿千米外,你依然能感受到它散发出的热量。

白天,太阳是亮白色的,但是日落的时候,它又会变成橘红色,然后变成红色,这是因为大气层(在太阳和我们之间)使太阳的颜色看起来发生了变化。

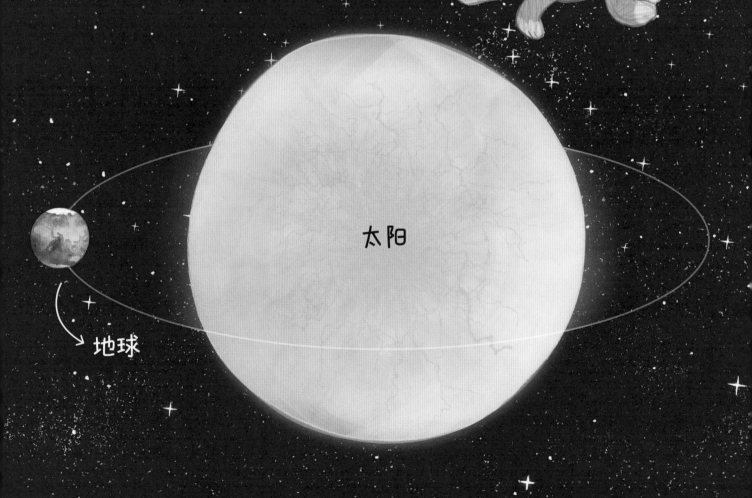

太阳

地球

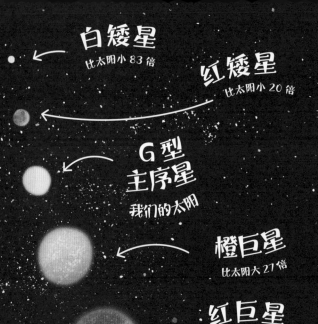

白矮星
比太阳小 83 倍

红矮星
比太阳小 20 倍

G型
主序星
我们的太阳

橙巨星
比太阳大 27 倍

红巨星
比太阳大 47 倍

蓝超巨星
比太阳大 84 倍

蓝特超巨星
比太阳大 327 倍

红特超巨星
比太阳大 2,000 至 3,000 倍

恒星的颜色

　　虽然所有恒星都是炽热的气体团，但也不是所有的恒星都一样，它们有的大一些，有的小一些，有的热一些，有的冷一些。

　　如果把太阳放在夜空中其他的小光点旁边，你就会发现，太阳并不是宇宙中最大的恒星，甚至在我们的银河系中，它都不算大。

　　在夜空中，你能看到的恒星有红色的、橙色的、蓝色的和白色的。它们会呈现出不同的颜色，是因为它们的温度有差别。最热的恒星是白色或蓝色的，最冷的是橙色或红色的。想象一下，把一块金属放到火焰上加热，一开始它是暗红色的，接着就变成了橙色，然后变成了白色，最后开始显出蓝色。恒星也遵循同样的颜色变化规律。

　　这里列出了夜空中的几种不同颜色的恒星和它们的大致尺寸。

夜空中的图案

很久以前，因为夜空中的恒星会构成各种各样的图案，人们就把恒星当作指引他们前行的地图。你也可以利用这些图案来观星。

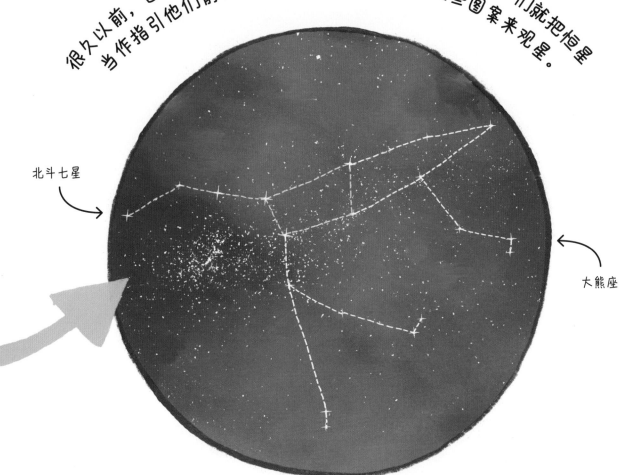

北斗七星

大熊座

首先来为你介绍两个重要的概念

星座 是指在天空的一块区域中，会构成某种图案或某种形状的恒星组合。

星群 你可能会注意到，星座内部会出现一些更小的图案。这些星座图案中的图案就可以叫作星群。

北斗七星 北斗七星是一个非常重要的星群。几乎每天都非常显眼。有些人会把北斗七星称作勺子、犁或是平底锅。

这七颗蓝白色的恒星是大熊座的一部分。通过北斗七星，观星者可以辨别方向，并找到夜空中的其他知名天体。

夜空中的舞蹈

初次仰望夜空的时候，你可能会觉得天上的恒星永远都不会移动。但是由于地球在自转，那些恒星仔细看起来确实在移动，就仿佛它们会在夜空中跳舞一样。

你可能觉得是天上的恒星会动，其实并不是，在动的实际上是地球。地球会像陀螺一样自转，正因为这样，太阳才会从东方升起，划过天空，然后从西方落下，产生昼夜变化。

地球在自转，因此其他恒星也会像太阳那样不断移动。它们会在傍晚出现在某个位置上，然后在黎明移动到天空中的另一片区域。

你可以选一颗在树尖或是山顶上方的恒星，过一会儿再去找它，你就会发现它的位置移动了，可能升得更高了，也可能落得更低了，甚至可能已经落到地平线下方不见了。

天黑时候的
冬季星空

黎明时候的
冬季星空

最著名的恒星

有一颗恒星似乎从来不会移动。地球绕着连接南极和北极的地轴自转，而这颗星星就在北极点上空。

所以，它就像旋转着的陀螺顶部的那个小突起，看起来几乎不会运动，而其他一切物体都围绕着它转动。

这颗恒星在北极点上空，所以它的名字叫作北极星或北辰（在中国还被叫作勾陈一）。古时候，水手们认为它是天空中最重要的星星，因为它从来不移动，是他们的夜空的向导和依赖。

北极星并不是夜空中最亮的恒星，但也算是比较亮的了（在恒星亮度排名中，它排在第 50 名左右）。

指极星

由于北斗七星的存在，北极星非常好找。在北斗七星的大勺子头上，最靠前的那两颗星星叫作指极星，北极星就在这两颗星星的连线所指的方向上。

四季星空

春季

一直都有奇妙美丽的
天象可看!

**我来解释
一下**

白天,距离我们最近的恒
星,也就是太阳,非常亮,
以至于我们看不到其他
恒星。所以只有在晚上,
当太阳转到另一边的
时候,我们才能
看到星星。

太阳系中的其他
行星也会出现同样的现象,
有时候可以观测到,有时候观测
不到。这取决于它们和地球在各自
绕着太阳运行的轨道上的位置。

冬季

在进行了一段时间的观星活动之后，我注意到了一个奇怪的现象。我一直能看到北斗七星在绕着北极星旋转，但是其他恒星和它们所属的星座只会在夜空中出现几个月。

恒星和星座会因为季节的变化来来去去。所以我们在春夏秋冬四季看到的星星都是不一样的。

夏季

而且……

由于每年地球都会绕太阳公转一圈，所以我们在每个季节看到的都是宇宙不同方向的景象。

位于地球"正上方"的恒星，比如北极星或是北斗七星，几乎全年都能看到。

秋季

室女座

天秤座

角宿一①
（室女座 α 星）

乌鸦座

春季星空

　　在春季星空中，虽然并没有很多亮星，不过还是有很多可以观察的天象。

　　在春季星空中，会出现七个主要星座。首先，你会注意到狮子座。狮子座就像一只大猫，所以我特别喜欢这个星座。狮子座这个名字，源自被希腊神话中的英雄赫拉克勒斯杀死的一头狮子。长蛇和巨蟹也是赫拉克勒斯的手下败将。人们会把室女座和希腊的丰收女神联系起来，稍小一些的乌鸦座、天秤座和巨爵座也是古希腊人根据它们的形状命名的。但是春季星空中能看到的东西不仅仅是这些。

① 编者注：本书在介绍恒星的名称时，使用了中国星官名，并在括号里注明了对应的西方常见恒星名，如：角宿一（室女座 α 星）。

镰形星群

狮子座

巨蟹座

轩辕十四
（狮子座 α 星）

星系

巨爵座

长蛇座

春季特色天象

★ 可以看到许多星系，特别是在狮子座和室女座中，但是它们离我们都非常遥远，需要使用望远镜才能看得到。

★ 注意其中的亮星：轩辕十四（狮子座 α 星）和角宿一（室女座 α 星）。

翻到下一页，了解春季星空中的星座。

狮子座是夜空中最容易找到的星座，因为在春季，它就位于月亮在天空中划过的轨迹上。找到这条轨迹，就能找到狮子座。

实际上，狮子座由两部分组成：一个三角形和一个左右颠倒的问号。它们组合在一起，就很像一只躺下的大猫了。那个问号也被称为镰形星群，因为它就像农民伯伯收割庄稼用的镰刀。

狮子座中最亮的恒星是轩辕十四（狮子座 α 星），在镰刀把的末端。

狮子座

长蛇座

在希腊神话中，九头蛇海德拉（Hydra）是女神赫拉（Hera）的宠物，赫拉曾派海德拉杀害赫拉克勒斯（Hercules）。但是赫拉克勒斯却杀死了九头蛇海德拉。长蛇座是夜空中面积最大的星座，由一系列较暗的星星蜿蜒串成，在巨蟹座、乌鸦座和巨爵座的下方。

巨蟹座的名字源自一只巨大的螃蟹，传说它也是赫拉的宠物之一，赫拉曾经派它帮助九头蛇海德拉，但是它也很快就被赫拉克勒斯打败了，还被踢到了天上，成为了一个星座。

要想观察到巨蟹座，最好的办法就是寻找狮子座区域外的一颗模糊的光斑。那就是 M44 鬼星团（因为形状像蜂巢，又称为蜂巢星团）。它位于巨蟹座的正中央。利用望远镜，可以看到鬼星团是由许多颗恒星构成的。巨蟹座的其余部分是由较暗的恒星构成的一个倒置的 Y 字形。

巨蟹座

室女座

室女座是夜空中的第二大星座。人们认为它的样子就像美丽的丰收女神，但是就像你在上一页看到的，它可能更像一幅侧躺着的人物简笔画。室女座有一颗亮星，蓝白色的角宿一（室女座 α 星）。实际上角宿一是一对相互绕转的双星，要用全世界最强大的望远镜才能把它们分辨出来。不过使用普通的望远镜，你也能看到室女座下半部分的许多小光点，它们其实是距离我们非常遥远的星系。

天秤座

天秤座比一旁的室女座要小很多，它就像是一台老式的天平。不过我觉得它更像是一艘火箭或是一座房子。

巨爵座也是一个比较小的星座，传说是希腊神话中太阳神阿波罗（Apollo）喝水的杯子。人们很难看到它，因为其中的星星都很暗。在北半球，它的高度很低，一般就在树木或建筑物的上方。它的样子就像一个倾斜的酒杯（爵是古代的一种青铜酒器），但是我觉得它的形状就像乌鸦座再加上几颗星星。

巨爵座

夜空中的很多星座都是用鸟类来命名的，比如天鹰座、天鹅座。在角宿一（室女座 α 星）的右下方，就是乌鸦座。说到这些鸟，让我觉得有点儿饿了。乌鸦座的样子很奇怪，更像一个被压过的盒子，或是脑袋被咬下来的乌鸦。想想就觉得很好吃！

乌鸦座

天津四
（天鹅座 α 星）

织女一
（天琴座 α 星）

天琴座

天鹅座

银河

河鼓二
（天鹰座 α 星）

人马座

天鹰座

夏季星空

夏季夜空中出现的星座更大、更醒目，因此，要想通过牵星法找到星座也更加简单。

如果是肉眼观测，你会发现夏季星座比春季星座更醒目。但你需要多等一会儿才能看到它们，因为在夏季，天黑得比较晚，又亮得比较早，适合观星的时间就比较短。但是如果你不介意少睡一会儿，就可以享受全年最温暖的观星季节，看到许多宏伟的星座和美丽的天象。

武仙座

流星

侯星
（武夫座 α 星）

蛇夫座

天蝎座

心宿二
（天蝎座 α 星）

夏季特色天象

★ 最适宜观测我们所处的星系——银河系。

★ 8 月中旬更容易看到流星。

★ 夏季大三角——由分别位于天鹅座、天鹰座和
天琴座的三颗亮星组成的三角形。

翻到下一页，
了解夏季星空中的
星座。

天鹅座

对很多人来说，提到夏季星座，第一个想到的就是天鹅座，因为夜幕降临的时候，它就在头顶上方。如果天色很黑，就可以看到那些比较暗淡的恒星。如果把它们连接起来，可以组成一只张开翅膀正沿着银河飞翔的天鹅。在天鹅的尾巴上，有天鹅座里最亮的一颗星——天津四（天鹅座 α 星）。它也是组成夏季大三角的三颗恒星之一（另外两颗恒星分别在天鹰座和天琴座）。天津四也是北十字星的标志特征（北十字星是天鹅座中心部分的别称，呈现出一个大十字形）。在晴朗黑暗的夜空中，你会发现天鹅的脖子边上有一块亮斑，那就是天鹅座星云，由无数遥远的恒星组成。你可以用双筒望远镜看到这一美丽的天象。

这是一个靠近银河的星座，名字源于古希腊天神宙斯（Zeus）的宠物鹰。如果把那些暗淡的恒星连接起来，你就会看到鹰的翅膀。但是我觉得它看起来更像一只风筝。天鹰座中最亮的恒星是河鼓二（天鹰座 α 星），也就是我们熟悉的牛郎星，它也是组成夏季大三角的三颗恒星之一。

天鹰座

天琴座

这个星座比较小，因为形状像希腊神话中的诗人俄耳甫斯（Orpheus）的里拉琴（一种希腊七弦琴）而得名。古星图经常把它画成抱在雄鹰怀中的里拉琴，但是你只能看到天琴座中最亮的恒星——蓝色的织女一（天琴座 α 星），还有它下方的一个由暗星组成的四边形。织女一也是组成夏季大三角的三颗恒星之一。

在夏夜，我们沿着银河向南看，就能看到人马座低垂在天空中。但是只有在环境很黑、地平线平坦的地方，才能看到它。它的名字来源于一名弓箭手——不是人类弓箭手，而是神话生物，半人马弓箭手喀戎（Chiron，所以这个星座又称为射手座）。和夜空中的众多成员一样，他也是赫拉克勒斯的手下败将。

还有人把人马座称为茶壶，因为它的一部分很像一个向右倾斜、正准备倒茶的茶壶。人马座的内部有一些模糊的光斑，擦干净你的望远镜仔细看，就会看到星团和星云（由气体或尘埃构成的云雾状天体，恒星就是由星云演化而成的）。

人马座

武仙座

如果夜空中有一位超级英雄，那么这个称号就非赫拉克勒斯莫属了（武仙座的英文名是 Hercules，以希腊神话中的大力神赫拉克勒斯的名字命名），他曾经与夜空中的众多生物交战。尽管这样，武仙座这个星座却很小，看起来也不太有意思。在武仙座中，最有趣的就是武仙座大球状星团（M13）了。它看上去就像一颗暗淡的恒星，但是通过望远镜观测发现，它是由数十万颗恒星构成的球状星团。

"蛇夫"指的是古希腊语中的"拿着蛇的人"，但是我从来没见过谁会这么拿着一条蛇！蛇夫座的形状更像是孩子用简笔画画出的一座房子。蛇夫座在银河的一侧，最有趣的天象是星座中最亮的恒星——侯星（蛇夫座 α 星）。它就在房子的屋顶处（或是扛蛇人的头部）。

蛇夫座

人马座的右侧就是天蝎座，它的名字源自希腊神话中被猎人俄里翁（Orion）杀死的蝎子。它看起来确实很像一只尾巴上带有毒针的蝎子，但是在赤道以北，只能看到蝎子的头和爪子，其余部分都被地平线挡住了。即使这样，这个星座也很值得一看，其中最亮的星星——心宿二（天蝎座 α 星）是橙红色的，非常漂亮！

天蝎座

银河

夏季是一年中最适合观测
夜空中最美丽的天象之一——
银河的季节。

银河系是太阳所在的星系。地球位于距离银河系中心很远的旋臂上，所以在夏季，从我们所在的位置上观察夜空，可以看到夜空中巨大的银河。

你会看到数不清的恒星，挤挤挨挨，构成了一条银白色亮带。我们的祖先认为它就像一条横穿天空的大河。

一开始，你只能看到一条白茫茫的亮带，几乎把夜空分成了两半。在你的眼睛适应了黑暗之后，就会发现银河中比较明亮的部分就是聚集在一起的恒星，比较黑暗的部分则是挡住了星光的尘埃云。

在南半球，你可以看到银河的中心，那里非常明亮，你甚至可以在银河光芒的照耀下看书。

这就是在银河系以外观察到的银河系的样子。

我们的太阳!

照片中的银河，颜色通常都很漂亮，它的中心是焰黄色的，其中的恒星团是蓝色或红色的。即使借助望远镜，肉眼也无法看到这些颜色。

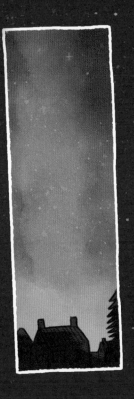

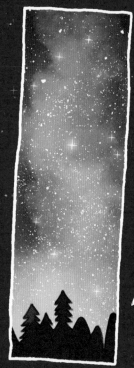

这些光点都是遥远的"太阳"，有一些还可能会拥有自己的行星。想到这里，你会不会好奇，有没有什么人，也正在那边看着你呢？

银河中的恒星大多数都很暗淡，一旦出现光污染，或者在月光比较明亮的时候，就看不到它们了。所以就算条件非常好，最多也只能看到一些模糊的蓝灰色云状物。

但是如果在很暗的环境中用望远镜观测，你就可以看到成千上万颗星星，就像在黑纸上撒了一层盐。别想着去辨认出什么来了，尽情去欣赏那些星星吧！

小熊座

北极星

北斗七星

大熊座

秋季星空

　　像我这样的观星者会庆祝秋天的来临，因为这个时候夜晚开始变长，很早就可以看到布满星星的夜空了。

　　这时候，夜空中的主要星座有大熊座、小熊座、飞马座、仙后座、英仙座、仙女座和三角座。它们之间距离很近，其中的亮星很容易分辨。夜空中最重要的北斗七星和北极星分别在大熊座和小熊座。其他许多星座大都是以希腊神话中的英雄珀耳修斯（Perseus）的传说命名的，他骑着飞马珀伽索斯（Pegasus），从可怕的怪物手中拯救了美丽的仙女安德洛墨达（Andromeda）。

仙后座

仙女座

飞马座

双星团

秋季大四边形

三角座

英仙座

秋季特色天象

★ 秋季大四边形星群。

★ 肉眼就可以看到位于仙女座中央、200多万光年外的星系。

★ 用小型望远镜可以看到在英仙座和仙后座之间的双星团，它们就像两小堆米粒。

翻到下一页，了解秋季星空中的星座。

英仙座

英仙座是以另一位非常有名的古希腊英雄——珀耳修斯的名字命名的。秋季星空中很多星座的名字都与他的冒险故事有关。我一直觉得英仙座看起来像一个倒放的字母Y或是一把剪刀，但是如果你按照比较常规的方式把这些星星连接起来，就（应该）能看到一位勇士一手拿着剑，一手拿着美杜莎的头颅（美杜莎是一种可怕的怪物，只要看到她的眼睛，就会被石化）。另外，珀尔修斯骑着飞马拯救公主安德洛墨达（Andromeda，也是仙女座的英文名）的故事也非常有名。

很多观星者（包括我）都认为飞马座是秋天最棒的星座。在古希腊传说中，飞马珀伽索斯是珀耳修斯的坐骑。它和普通的马不一样——它长着一对翅膀！稍微发挥一下想象力，你就可以把那些星星连成一匹在天空中倒着飞过的马。飞马座里的三颗亮星加上仙女座里的一颗亮星，可以组成著名的秋季大四边形星群。

飞马座

仙女座

可怜的安德洛墨达！她是一个美丽的姑娘，却被她的父母用铁链绑在了石头上，献祭给了饥饿的海怪。幸运的是，珀耳修斯和飞马珀伽索斯在路过的时候救了她。仙女座就像两条从飞马珀伽索斯的后腿延伸出来的线（也许安德洛墨达就是这样抱着飞马珀伽索斯的腿逃离海怪的）。

大熊座

小熊座

虽然北斗七星所在的大熊座全年都可以看到，但是秋天是最适合观测北斗七星的季节。向北看，你会看到一个巨大的勺子，勺柄指向左边（大熊的头和腿由相对较暗的恒星组成，除非环境非常暗，不然真的很难看到它们）。

小熊座看起来像……一头小熊（真是令人惊讶啊）！除了没有腿，它就像是小一号的大熊座，所以其中的亮星又被称为小北斗。小熊尾巴上的星星就是整个夜空中最重要的北极星。

仙后座

秋季东方的高空中有一个 W 形的星座，那就是仙后座。它虽然很小，却非常显眼。仙后座全年都可以看到，但是随着地球自转，它似乎也在旋转，所以在冬天，它会变成一个 M 形。仙后座的名字来自希腊神话中一位骄傲的王后——卡西俄珀亚（Cassiopeia），她曾经夸耀自己的女儿比众神还要美，后来被升到了天上成为星座。

三角座

三角座很有趣！它就是三颗星星凑在一起组成的一个三角形。它的名字来自建筑师用的一种测量工具，而不是你在学校音乐课上用的三角铁哟。

双子座

小犬座

南河三
（小犬座

天狼星
（大犬座 α

大犬座

冬季星空

出门去欣赏观星者们眼中的全年最棒的星空吧！记得注意保暖，要像极地探险家一样穿上厚厚的衣服。

天气比较寒冷的时候，夜空看起来会比其他季节更加澄澈。而且冬天天黑得比较早，你的观星活动也就可以早点儿开始，这样就有了更长的观赏时间。冬季的夜空中亮星数量最多，星团和星云也最漂亮，还会有一些比较适宜观测的流星雨。

五车二
（御夫座 α 星）

御夫座

参宿四
（猎户座 α 星）

猎户座

昴星团

毕星团

金牛座

双子座
流星雨

猎户腰带

毕宿五
（金牛座 α 星）

参宿七
（猎户座 β 星）

冬季特色天象

★ 准备好12月中旬去看双子座流星雨。

★ 用望远镜观察猎户宝剑柄上的星星（挂在
猎户腰带上）和漂亮的猎户座大星云。

翻到下一页，
了解冬季星空中的
星座。

35

猎户座

  猎户座的名字来自希腊神话中的猎人俄里翁，他击败了强大的金牛。他还有两条忠实的猎犬（大犬座和小犬座）陪在身边。

  除了北斗七星，猎户座一定是整个夜空中最著名的星座了。它非常容易分辨，只需要寻找排成沙漏状的星星，其中的沙漏颈由三颗星组成（也就是猎户腰带），就可以找到它了。猎户座里有冬季星空里特别亮的两颗恒星，左边橙色的参宿四（猎户座 α 星）和右边蓝色的参宿七（猎户座 β 星）。还可以试着找一找挂在猎户腰带左侧的三颗较暗的恒星，那就是他的宝剑。

大犬座

  "大犬"经常被认为是猎户的猎狗。我们猫咪一般都不怎么喜欢猎狗！也有人认为它是希腊神话中守卫着地下世界入口的三头犬。这个星座里有整个夜空中最亮的星星——天狼星（大犬座 α 星）。要想找到天狼星，可以先找到猎户腰带——它正指着下方的天狼星。天狼星在夜空中闪闪发光，就像一颗巨大的钻石。为什么会产生这样明显闪烁的效果呢？那是因为大气的波动影响了它的光芒。

小犬座

  小犬座是一个比较小的星座。这只小狗主要由两颗靠在一起的星星组成，所以我看到它也不会感到害怕！其中比较亮的那颗星叫作南河三（小犬座 α 星）。

在猎户座的右上方，你可以看到一组 V 字形的星星，那就是毕星团，组成了金牛冲向猎户的尖角。在一只角的根部，有一颗血红色的恒星，这就是毕宿五，也叫金牛座 α 星（金牛的眼睛）。金牛的肩膀上有一群蓝色的星星，样子就像小型的北斗七星，那是另一个星团——昴星团，也叫七姐妹星团，如果你视力比较好，就能看到里面的七颗亮星。如果你有望远镜，还可以看到更多的星星。

金牛座

在希腊神话中，御夫是驭马战车的发明者，但是我觉得御夫座更像一个大五边形，其中黄色的五车二（御夫座 α 星）比其他四颗星星更亮。

御夫座

双子座

你只要发挥一点点想象力，就可以发现猎户座的左上方有两个站在一起的身影，那就是双子座——命名源自希腊神话中的双胞胎兄弟卡斯托耳（Castor）和波吕丢刻斯（Pollux）。你可以经常看到太阳系中的某颗行星从双子座穿过。

白羊座

双鱼座

水瓶座

其他主要星座

还有不少星座同样值得一看，通常来说，在夏季或者秋季观赏是最合适的。

白羊座

在希腊神话中，英雄伊阿宋经历了一场英勇的冒险——去偷一根由恶龙看守着的金羊毛。人们认为，这些弯曲排列的星星所组成的白羊，就是伊阿宋拔下金羊毛的那只公羊。有时候，某颗明亮的行星也会穿过白羊座。

双鱼座

谢天谢地，在我看来，双鱼座并不像古希腊人想象的那样，看起来像两条鱼，否则像我这样的猫咪就要饿疯了！在仙女座下方一列亮星的末端，你可以找到双鱼座中由许许多多暗星构成的一个倾斜的巨大 V 字形。和白羊座一样，双鱼座内也经常有"做客"的行星经过。

北冕座

北斗七星

大角星
（牧夫座 α 星）

牧夫座

水瓶座

　　水瓶座的形状就像一个拿着水瓶给奥林匹斯众神倒水的男孩。但是我觉得它更像一个挂在绳子上的漏气的气球。和白羊座、双鱼座一样，有时候也会有行星从水瓶座内部经过。

牧夫座

　　牧夫座距离北斗七星很近，其中的亮星大角星（牧夫座 α 星）很容易找到，它就在北斗七星勺子柄的延长线上。古时候，人们把牧夫座想象成牧羊人、猎人或是丰收女神的儿子。不过我觉得在牧夫座里呈三角形排列的星星很像风筝或是冰激凌甜筒。

北冕座

　　北冕座代表的是古希腊克里特王米诺斯（Minos）的女儿阿里阿德涅（Ariadne）的王冠。这个星座面积很小，但是里面的星星呈半圆形排列，在夜空中很容易分辨。北冕座的位置很接近武仙座。令人惊讶的是，它确实很像一顶挂在天空中的缀满宝石的王冠。

月球

月球很可能是你在夜空中看到的第一种天体。你知道吗？其实它是一块环绕着地球运动的大石头。

月海

月球表面那些较暗的区域叫作月海，不过这些"海"里面并没有水，它们其实是岩浆凝固后形成的平原。由于月海的存在，在地球上的不同位置看月球，可以看出不同的效果。在有些地方看，就好像月亮上有一张脸；在另一些地方看，就好像月亮上有一只兔子。

环形山

你看到的那些比较亮的区域是环形山，也就是数十亿年前陨石在月球表面撞击形成的坑。你可能会看到在有些环形山周围，有明显的放射状线条，这些线条是比较大、年代也比较近的陨石撞击月面的时候，高温碎块飞散产生的辐射纹。如果你用望远镜观察，可以看到月球的更多细节。

赏月

最适合赏月的时间是在满月前后。在那段时间，使用望远镜可以看到月球表面明暗界线附近的很多细节，包括带有辐射纹的环形山、起伏的山脉，还有一些比较小的月海。

月相

你知道月亮的形状在每个月里会发生怎样的变化吗？实际上，我们看到的月亮的形状取决于月球表面反射太阳光的部分。

月球环绕地球运动，地球环绕太阳运动，阳光会落在月球的不同部分，让我们看到不同的月相。

这种变化非常有规律，古人会把它作为一种计时的方式。年代较早的历法，包括我们现在使用的农历，都是根据月相制定的。

现在，我们使用的公历是太阳历（根据太阳的运动规律制定的），但是一些农业活动依旧要参照农历进行。

新月（朔）

新月其实就是天空中一个黑色的圆盘。因为月球运行到了太阳和地球之间，以它黑暗的一面对着地球，并且与太阳同升同落，我们就看不到它了。

蛾眉月

月球表面开始反射太阳光，月相开始发生变化，每个晚上反射太阳光的范围都要比前一天晚上更大。

上弦月

月相继续发生变化，月球表面有一半都被太阳光照亮了。

盈凸月

月球表面被照亮的区域继续扩大。凸月意味着月球被太阳光照亮的面积大于月球表面的一半。

满月（望）

太阳光照亮整个月球。

亏凸月

接下来，整个过程发生逆转，月球表面被太阳光照亮的面积越来越小。

下弦月

月球被太阳光照亮的部分正好是月球表面的一半。

残月

在这个阶段，月牙儿的形状再次出现。接下来，月球会完全消失在夜空中，进入新月阶段。

月球是怎样形成的?

你知道吗? 月球并不是一直存在的。大约在 45 亿年前,地球的样子和现在完全不一样。那时候,地球还是一个行星宝宝,是一颗坑坑洼洼的炽热岩石球,周围的太空中有不计其数的岩石和流星。关于月球的起源,科学家们提出了好几种推测,下面介绍的就是其中的一种:

一颗小行星出现了,它可能有地球的一半那么大。

它撞在了地球表面,形成了无数碎片,这也使地球表面受到了严重的冲撞。

月食

地球绕着太阳公转,月球绕着地球公转,有时候它们会排成一列,地球正好在中间。每到这个时候,地球的影子就会落在月球上,这种现象就叫作月食。如果月球完全变黑了,就是月全食;如果只有一部分变黑了,就是月偏食。

没有两次完全一样的月食。有时候,地球的影子会让月球看起来像一个橙色的万圣节大南瓜。有时候,月球还会变成类似红葡萄酒的颜色。

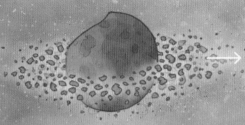 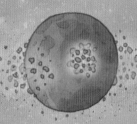 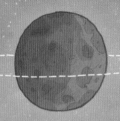

在接下来很长很长的时间里，那颗小行星的碎片和地球的碎片飘浮在地球周围。

随着时间的推移，这些碎片聚集在一起，在地球周围形成了一个环（就像土星环一样）。

又过了更长的时间，地球环中的物质逐渐形成了一个天体，并以一个稳定的轨道在地球周围运动。

日食

有时候，月球会运动到太阳和地球之间，挡住太阳射向地球的光，这种现象就叫作日食。这时候，月球会像一个黑色的碟子一样，遮住闪亮的太阳。

直视太阳可能会对眼睛造成伤害，所以要想观测日食，你需要戴上特殊的防护镜片。天文学家还会在他们的望远镜上安装特殊的配件来保护眼睛。

日全食非常少见，也非常壮观。月球慢慢地挡住太阳，最后太阳完全消失，天空中只留下一个带有蓝白色光圈的黑色圆盘。

接下来，世界上会出现一些奇怪的现象。鸟儿开始歌唱，它们以为太阳要落山了；天气开始变凉，影子在地面上舞动。几分钟之后，太阳又会出现在天空中，一切恢复正常。

行星

比起恒星，太阳系中的行星离我们更近，但实际上它们也都在非常遥远的地方。

水星

水星是距离太阳最近的行星，所以人们很难看到它。日出时它会低垂在东方的天空中，日落时它又会出现在西方的地平线上方。它的样子就像一个银色的小光点。

金星

金星是人们最容易看到的行星，因为它非常亮。和地球相比，金星距离太阳更近；但是和水星相比，金星距离太阳就更远了。日出前和日落后的几个小时里，你可以在天空中看到金星，日出前它被称为启明星，日落后它被称为长庚星。金星在最亮的时候，如果周围环境非常黑，它甚至可以投下一条浅浅的影子。

火星

火星虽然被称为红色星球，实际上并不是红色的。番茄、樱桃和草莓的颜色才叫红色，火星的颜色其实更像……橙色！每隔两年，火星会来到距离我们非常近的地方，这时候它看起来非常明亮，尤其在它高挂夜空的时候，甚至比很多恒星都要亮。

海王星

很遗憾，海王星距离我们太远，而且太暗了。想要看到它，只能使用望远镜。如果还想看到冥王星之类的矮行星，就要去找一台大型望远镜了。

天王星

天王星距离太阳非常远，它绕太阳公转一周需要84年。它的个头也非常大，你可以用肉眼直接看到它，不过这得等到天空非常暗的时候，而且你也得知道要在什么时候、往哪个方向看才行。通过望远镜，你可以看到它是浅绿色的，但要是肉眼看，就只能看到一个小白点。

土星

土星也非常大，但比木星小，也比木星距离地球更遥远，所以也没有那么亮。在很黑的夜空，它会发出金黄色的光芒。

木星

木星是太阳系中最大的行星（它的内部能装下超过1000颗地球），由于它距离地球真的非常遥远，所以并不像金星或者火星那么亮。不过它也有明亮的时候，会发出蓝白色的光芒。

使用望远镜，你可以看到木星周围有一些小星。有时候可以看到两颗，有时可以看到三颗或四颗。其实它们是木星79颗卫星中最大的四颗。由于它们环绕木星公转会产生位置上的变化，因此我们能看到的卫星数量也会发生变化。

哪些光点是行星?

那些一闪一闪的是恒星,而那些持续发光的可能就是行星了!

行星看起来很像小圆盘,而恒星看起来只是一个个的光点。由于大气的运动,这些恒星看起来一闪一闪的。如果你看到一颗亮星像飞机一样移动,那它就是卫星(见第 52-53 页)或是飞行在高空中的飞机了。

第一次看到天空中的行星的时候,我根本不知道它是行星。它比其他星星都要亮,但是一点儿都不闪,就像一盏灯一样挂在天上。我看到的那颗行星其实是金星。

它们是恒星吗？

不是。和月球一样，行星本身不会发光，它们只会反射太阳光，而且是在数千万甚至几十亿千米以外反射太阳光。如果你知道应该在什么时候看、往哪个方向看，那么不用望远镜，你也可以看到一些行星：水星、金星、火星、木星和土星。如果你的眼神非常好，甚至有可能看到天王星。

你在找什么？

通常情况下，你可以看到单独出现的行星，但是有时候，你还会看到它出现在月球或其他行星旁边（这一现象称为"相合"）。

根据你的所在位置和季节的不同，行星可能出现在夜空的不同区域。介绍观星的书籍、杂志或者网站可能会提供一些信息，告诉你它们会在什么时候出现在天空的什么位置。另外，手机或电脑上的一些 App（软件）也会包含更多相关信息。

流星

有一天，一道亮线突然穿过天空，我还以为有星星从天上落了下来！

那就是流星。其实它们并不是恒星，而是流星体——飞快地穿过地球大气层的太空尘埃。它们与大气层摩擦，并燃烧起来，产生一道光迹。这些光迹有些很暗，有些很亮，通常在夜空中维持不超过一秒钟就消失了。它们有些是蓝色的，有些是绿色的，还有些是金色的，但最常见的还是蓝白色的。

在地球轨道穿过太空尘埃带的时候，你就有可能看到许多流星，天文学家把这种现象叫作流星雨。

流星雨每年都会出现好几场，有些还会非常漂亮。最适宜观测的流星雨大致会出现在 8 月中旬、10 月下旬、11 月中旬和 12 月中旬。

流星雨是怎样产生的？

太空尘埃带

火流星和陨石

有时候，会有稍大一些的
太空岩石穿过地球大气层。它们非常亮，移动
速度也很慢，经常会在消失之前产生耀眼的亮光，
这种现象叫作火流星。只有很少数的流星没有完全燃
烧并且能掉落在地面上。在燃烧过程中，它们可能会
同月亮那么亮，而且伴随着刺耳的声爆。这些火流
星掉落在地面上之后就成了陨石。

北极光

某个 10 月的晚上，我出门观星，几个小时之后，北方的天空中
突然出现了一帘红色的光幕，疯狂地飘舞着。

我看到的就是著名的北极光！如果有太阳风暴把太阳表面的物质（带电粒子）吹向太空，北极光就有可能出现。那些被吹向太空的物质到达地球后，会和大气层以及地球磁场发生相互作用，使空气呈现出不同颜色的光芒和美丽的形态。

北极光通常会出现在 3 月到 4 月以及 9 月到 10 月之间的高纬度地区。每隔 11 年，太阳活动就会变得异常活跃，这会让北极光出现得更加频繁。

追赶北极光

你如果居住在南极或北极附近，可能经常会看到极光，因为极光出现在南北极的概率最大。但是有时候，它也会在远离极地的区域出现，比如北半球的法国或美国北部，南半球的澳大利亚。这取决于地球受太阳风暴的冲击有多严重。

如果有机会观看北极光，你可能首先会看到一条绿色的彩虹出现在夜空中，灰白色的光线向上射出，若隐若现。如果你的运气非常好，可能会看到红色的光幕在空中舞动，不断摇摆。

大规模的太阳风暴随时都有可能出现。在太空中，人造卫星会对太阳进行 24 小时不间断的观测，关注着太阳风暴的情况。所以我们可以提前几天了解到预警信息。很多网站都会发布太阳风暴预警，你可以使用手机或平板电脑下载相关的 App 进行了解。

夜空中移动的光点

你可能会注意到，在晴朗的夜空中，有许多光点向各个方向划过。它们很像飞速运动的星星。

它们并不是星星，也不是外星人来打探消息用的飞船。它们是人造卫星，是环绕地球运行的小型航天器，它们在距离地球几百至上万千米的轨道上运行，在反射到太阳光的时候就会闪光。

太空中有许多人造卫星，它们的作用各不相同：

★ 卫星导航利用它们规划路线。

★ 天气预报员利用它们拍下的照片预测天气。

★ 移动电话利用它们传输通话和消息。

国际空间站

夜空中最亮的人造卫星是国际空间站（ISS）。经常有来自不同国家的航天员在国际空间站里连续居住几个月，研究未来怎样飞往火星，或是在零重力环境中进行试验，或是拍摄位于他们下方的、转动的地球的照片。并不是每天晚上都能看到国际空间站。它的运行速度非常快。有一些网站或 App 会提供它飞过某个地方的日期和时间，还会告诉你什么时候能看到其他往返国际空间站的宇宙飞船，其中有些飞船载人，有些飞船还会载货。

卫星

目前地球轨道上有超过2000颗卫星。各种卫星的平均使用年限大约为10年。卫星在停止工作以后，通常会留在轨道上，成为不断增加的太空垃圾中的一员。

但是有时候，卫星还会因为发生故障，或是没有成功进入轨道而掉落下来。当它们在大气层中燃烧的时候，看起来会非常明亮，就像缓慢运动的流星。它们在划过天空的过程中，还会有碎片从它们身上掉下来。

模糊的光斑

在观察夜空的时候，你可能会注意到有小片的区域会显得有些模糊。这是因为出现在那里的天体离我们非常遥远，天文学家们把它们称为"深空天体"。

顾名思义，你观察不到它们的细节，但是从照片上可以欣赏到它们真正的样子。这些照片通常是用大型望远镜拍摄的，然后通过计算机处理，使细节更加突出。那些深空天体比你能看到的星星还要遥远，它们的体积也要大得多。大多数深空天体需要使用望远镜才能看到。

深空天体

深空天体通常分为以下三种：

1. 星系

有些深空天体实际上是临近的星系。利用世界上最强大的望远镜观测，可以估算出在银河系以外还有上千亿个星系。随着望远镜越来越强大，这个数量还会持续增加！

2. 星云

有些深空天体是星云，也就是遥远的太空中巨大的气体或尘埃云。它们中有一些会发出微光，这是因为它们的内部隐藏着恒星。还有一些星云也会发光，是因为它们反射了附近的星光，或是有恒星正在它们的内部形成。

3. 星团

还有些深空天体是星团。很多恒星都是双星、三星或是更大的星团系统的一部分。疏散星团通常包含数百颗到上千颗恒星，其中的所有恒星都是同时形成的。球状星团则是由非常非常古老的恒星聚成的球，其中那几百万颗恒星就像蜂群一样挤在一起。这些星团距离我们都非常遥远，需要使用望远镜才能看到。

接下来呢？

现在，你已经很好地了解到都能在夜空中看到些什么了。你知道了恒星和行星的区别，明白了应该怎样找到你最喜欢的行星或星座。你了解了北极光，知道了它们的样子，也知道了应该怎样辨认人造卫星。如果你还想了解更多知识，还有很多方法可以帮助你继续学习。

计算机软件

你可以用电脑下载免费的天文软件。它可以帮你生成定制的星图，可以查到在你想出门观星的那一天都可以看到什么天象。

天文杂志

在你生活的地方，应该可以订阅到至少一种天文学杂志。杂志里会包含星图，还有你所在的地方都会出现什么天象等信息。

星图

　　星图涵盖了夜空中的各种细节，上面会标示所有的恒星、星座、星团、星云和星系的位置。

天文 App

如果你有手机或是平板电脑，你会发现可以下载到几百种不同的天文 App。它们可以告诉你什么时候国际空间站（ISS）会从头顶穿过，什么时候会发生流星雨，什么时候能看到日食和月食。这里面最好用的就是那些天文馆的 App 了，它可以告诉你在某个选定的日期和时间，都能在天空中看到些什么。

兴奋起来吧！
用这些知识武装头脑，
当你抬起头，看到的就不仅
仅是天空中的一个个光点
了——星星是你的朋友，
你一生的朋友。

出发吧！

现在，你已经成为一名合格的观星者了。

在准备出发，开始你的观星冒险之前，一定要提前做好计划，确定你要去哪里，和谁一起去，以及你想要看些什么，还要注意安全哟！每个夜晚都有独特的风景，可能有人造卫星或流星，也可能有北斗七星或银河。就让夜空中的星座成为你的向导吧！

术语表

★ 北极光
见极光。

★ 地轴
地球自转的轴线。

★ 光污染
阻碍我们观星活动的一个重要因素，主要是由人工光源造成的。

★ 轨道
恒星、行星、卫星等天体在宇宙中的运动轨迹。地球按照一定的轨道环绕太阳运动，太阳也沿着一定的轨道在银河系内运动。

★ 国际空间站
目前规模最大的人造卫星，有许多来自不同国家的航天员在国际空间站上工作。

★ 恒星
本身能发出光和热的天体，如织女星、太阳等。

★ 环形山
也叫月坑，通常被认为是流星体撞击月球表面而形成的。

★ 火流星
一种非常明亮的流星，在天空中移动得比较慢，在消失之前会发生剧烈的燃烧。

★ 极光
太阳的带电粒子和大气层相互作用产生的一种天文现象。北极光是一种著名的极光。

★ 流星
进入大气层，并与大气摩擦而发生燃烧的太空物质。在这个过程中，太空物质通常会燃尽。火流星是流星的一种。

★ 流星雨
地球在穿过太空尘埃带的时候，大量的太空岩石在大气层中燃烧，产生许多流星的现象。

★ 牵星法
用可以观测到的亮星作为参照物，来寻找和定位其他天体的一种技术。

★ 日食
太阳、月球和地球排列成一条直线，月球运行到太阳和地球之间，挡住了太阳射向地球的光，因而产生的一种天文现象。

★ 深空天体
一种距离我们非常遥远的天体，在夜空中看起来就像一个个模糊的光斑。

★ 疏散星团
由数百颗甚至上千颗恒星组成的一种天体。

★ 太空垃圾
围绕地球轨道运行的无用的人造物体。

★ 太空岩石
可以形成流星的一种材料。

★ 卫星
环绕行星公转的天体。月球是地球最大的卫星，实际上还有很多比较小的人造卫星也环绕地球运转，比如国际空间站。

★ 相合
两个天体在夜空中非常靠近的一种现象。

★ 星官
中国古代的一种划分天空区域的区别方式。

★ 星群
同一星座中的恒星，或多个不同星座中的恒星会组成各种图案，更加容易辨认，这样的恒星集团就叫作星群。

★ 星图
一种地图册或一系列天体照片，可以展示在不同时间和地点看到的夜空特征。

★ 星团
星系内部由于引力作用聚集在一起的一组恒星，通常是由十几颗到上百万颗恒星组成的。

★ 星系
大量恒星（几十亿颗）通过引力作用聚集在一起形成的天体系统。我们所在的星系是银河系。

★ 星云
遥远的太空中，由气体和尘埃组成的巨大的云雾状天体。

★ 星座
在天空的一块区域中，可以构成某种图案或某种形状的恒星组合。

★ 行星
自身不发光，由于自身引力而呈现出球体的天体，通常会围绕恒星公转。地球是太阳的八大行星之一。

★ 月食
太阳、地球和月球排列成一条直线，地球的影子落到月球上的天文现象。

★ 月相
月球在一个月的周期内，由于太阳光照射角度的不同而显现出的不同形状。

★ 陨石
没有在大气层中燃尽，落在了行星表面的流星。陨石可能是石头，也可能是金属，或是两种物质的混合体。

索引

献词

我希望能把这本书献给以下三位:

首先是费莉切特(Félicette),一只 1963 年在巴黎街头被救下的流浪猫,她是第一只飞上太空的猫咪。由于某些原因,费莉切特远远没有第一只飞上太空的狗莱卡有名。最近,人们发起了请愿,希望能为费莉切特立一座雕像来纪念她,我希望这本书的读者也可以找个时间了解一下她的故事。当然,书中的猫咪费利西蒂(Felicity)就是以她来命名的。

其次,我想把这本书献给佩吉,一只 2017 年和这个世界说再见的猫咪。佩吉的幼年生活很悲惨,但是来到我们身边之后,她过上了充满爱的开心生活。这本书的灵感就来自于她。有一天晚上,在基尔德观星营,我把她带出了帐篷。她抬头看着星空,脸上一副好奇的表情,于是我就开始思索,究竟有多少只猫咪会在晚上抬头观察夜空,欣赏宇宙之美呢……

最后,这本书要献给斯特拉,在我眼中,她要比所有的星星加在一起还要闪亮。

感谢唐纳德、克洛伊、布兰登、克莱尔和劳伦斯·金出版社的所有人,感谢你们努力让这本书得以出版。感谢一直都很了不起的 L,感谢你自始至终对我的创作提供的帮助。

斯图尔特·阿特金森